AF497351

SUPPLÉMENT

AUX

RECHERCHES SUR LA FAUNE MARINE

DES ILES ANGLO-NORMANDES

PAR

Le Dr R. KŒHLER

CHARGÉ D'UN COURS COMPLÉMENTAIRE A LA FACULTÉ DES SCIENCES DE NANCY

Pendant mon premier séjour aux îles Anglo-normandes, je n'avais pu étudier avec quelques détails que la faune de l'île de Jersey et la faune des grottes du Gouliot à l'île de Sark. Dans le but de compléter ces recherches, je me rendis de nouveau, l'an dernier, aux îles de la Manche, mais au lieu qu'en 1884 je m'étais établi à Jersey, je me fixai en 1885 à Guernesey, pour continuer les recherches qui n'avaient été qu'ébauchées l'année précédente, et pour explorer en détail l'île de Herm que je n'avais pu visiter en 1884.

J'ai tenu cependant à compléter mes premières recherches sur la faune de Jersey et je consacrai les dix premiers jours de mon voyage à revoir certaines stations que je n'avais pu explorer à fond en 1884. J'ai ainsi rencontré un certain nombre de formes intéressantes qui m'avaient échappé pendant ma première campagne.

Je compléterai donc, dans ce travail, mon étude de la faune de l'île de Jersey ; je rendrai compte ensuite de mes recherches à Guernesey et à Herm. Je n'aurai que fort peu de chose à ajouter aux indications que j'ai données sur l'île de Sark dans mon premier mémoire.

JERSEY.

ÉPONGES. — J'ai rencontré au Dog-Next quelques beaux échantillons de *Caminus osculosus*, Gr. Les *Hymeniacidon armatura*, Bow., et *Microcionia armata*, Bow., sont assez communes, la première surtout, sur les coquilles de *Pecten*. L'*Hymeniacidon celata*, Bow., se trouve très fréquemment entre les lamelles des écailles d'huîtres vides.

Je signalerai encore : *Hymeniacidon caruncula*, Bow., *H. mammeata*, Bow., *Isodyctia fucorum*, Bow., espèces fort communes à Jersey. L'*Isodyctia cinerea*, Bow., est beaucoup plus rare.

ÉCHINODERMES. — Je n'ai à ajouter à ma première liste d'Échinodermes que la *Synapta inhærens*, Düb. et K., très commune dans la baie de Saint-Aubin et qui m'avait échappé pendant mon premier voyage ; l'*Ophiura albida*, Forb., qu'on trouve fréquemment à la drague dans la baie de Saint-Aubin avec quelques *Palmipes membranaceus*, Retz., et la *Cribella oculata*, Penn., dont j'ai trouvé quelques échantillons à la Mothe sur le sable.

TURBELLARIÉS. — Le *Polycelis levigatus*, Qf., est la seule espèce nouvelle de Planaires que j'aie trouvée en 1885. Avec les *Valencia splendida* et *longirostris*, j'ai rencontré à la Rocque, dans le sable vaseux, la *V. ornata*, Qf.

POLYCHÈTES. — Je dois signaler un certain nombre d'espèces nouvelles : *Lagisca propinqua*, Malmg., peu commune, à la grève d'Azette ; *Sthenelais Edwardsii*, Qf., assez répandue ; *Nephtys longosetosa*, Œrst., et *N. scolopendroides*, D. Ch., trouvées à la grève d'Azette avec la *Nereis irrorata*, Mgm. Je possède aussi un échantillon de *Nereis Marionii*, A. et E., trouvé derrière la Mothe. L'*Aonia foliacea*, A. et E., n'est pas rare à Jersey.

J'ai recueilli dans les pêches pélagiques de nombreux échantillons d'une Annélide découverte à Dinard par M. de Saint-Joseph, le *Leptonereis Vaillantii*, Saint-Jos.

Plusieurs petites espèces de Syllidiens sont abondantes au milieu des algues, telles que *Grubea fusifera*, Qf., et *Claparedia filigera*, Qf.

Parmi les Phyllodociens, je citerai : *Eteone longa*, Sav., et parmi les Glycériens, *Glycera lapidum*, Qf., qui ne sont pas très répandues. Un Chlorémien, le *Siphonostomum uncinatum*, Qf., est très commun à la grève d'Azette. Le *Leucodore ciliatus*, Johnst., se trouve quelquefois, mais rarement, entre les fentes des rochers.

Parmi les Annélides sédentaires, je signalerai : *A. ecaudata*, Johnst., associée à l'*A. piscatorum, Clymene lombricoides*, Edw., et *Petaloproctus terricola*, Qf., qui vivent à la Rocque dans le sable vaseux.

Le *Chætopterus Quatrefagesii*, Jourd., se rencontre quelquefois sous les pierres ; son tube est appliqué contre la face inférieure des cailloux et n'est pas recourbé en U.

Je n'ai à ajouter aux Serpuliens déjà cités que la *Protula protensa*, Grub., qu'on rencontre quelquefois dans les anfractuosités des rochers.

ASCIDIES. — Je n'ai qu'une espèce à mentionner ; c'est une Ascidie composée, très commune sur les Laminaires et qui est nouvelle pour la science. M. Lahille, qui a bien voulu me la dédier, l'a décrite sous le nom de *Diplosoma Kœhleri*, Lah.

CRUSTACÉS. — L'espèce de *Galathœa* provenant de la baie de Saint-Aubin que, dans mon premier travail, j'avais rapprochée avec doute de la *G. nexa*, Embl., en insistant sur les différences qui la distinguaient nettement de cette espèce, est la *G. Andrewsii*, Norm. M. Sinel m'a d'ailleurs informé qu'il avait obtenu à la drague un échantillon de *G. nexa* conforme au type décrit par Embleton.

Les *Crangon bispinosus*, Westw., *trispinosus*, Hailst., et *sculptus*, Bell., accompagnent quelquefois le *Crangon vulgaris* dans les flaques d'eau ou dans les zostères. L'*Hippolyte viridis*, Edw., est fort commun dans les herbiers.

Une troisième espèce de *Mysis*, la *M. Griffithisiæ*, Bell., se trouve quelquefois à la pêche pélagique.

Enfin, quelques Cumacés sont assez abondants dans les zostères : *Gastrosaccus sanctus*, Ben., *Sphinoe serrata*, Norm., *Sph. trispinosa*, Goods., et *Cuma Edwardsii*, Bell. ; ce dernier ordinairement pélagique.

Parmi les Amphipodes, je n'ai à citer que l'*Ampelisca Gaimardii*, Kr., pélagique ; l'*Amathila Sabini*, Leach, et le *Syphonœcetes typicus*, Kr., deux formes qui se trouvent dans les zostères, mais assez rarement.

Insectes. — J'ai trouvé, associé à l'*Æpophilus*, dans les graviers derrière la Mothe, l'*Æpus Robinii*, Lab., qui m'avait échappé en 1884. Avec l'*Æpophilus* adulte on trouve quelquefois sa larve, plus petite que l'insecte parfait et qui en diffère par l'absence des organes génitaux et des élytres, et par quelques différences dans la forme du rostre et des pattes.

Enfin, on peut trouver aux Corbières, dans les flaques d'eau, l'*Ochtebius Lejolisi* et sa larve.

GUERNESEY.

Il est inutile que je répète ce que j'ai dit dans mon précédent mémoire sur la situation et sur la configuration de l'île de Guernesey. La portion de la côte située entre *Saint-Pierre* et le *fort Doyle* est basse, et la mer, en se retirant, découvre des plages assez étendues, très rocheuses. Entre Saint-Pierre et *Saint-Sampson*, la côte forme une baie très étendue, appelée *Belgrave-Bay*. Cette baie, occupée en partie par des zostères, en partie par des rochers tapissés d'algues, offre une faune assez variée. Les zostères abritent quelques Éponges (*Leucosolenia botryoides* et *Isodyctia fucorum*) ; des petits crustacés (*Mysis*, *Temisto*, *Gastrosaccus*), des Planaires, des Ascidies composées, quelques Nudibranches (*Doris tuberculata*, *Eolis papillosa*). Sous les rochers vivent quelques intéressantes espèces d'Éponges (*Halichondria incrustans*, *Ophlitaspongia papillata*, *Isodyctia densa*, *Hymeniacidon mammeata*) et des Polychètes. J'ai aussi trouvé dans la baie de Belgrave, à la limite de la laisse des plus basses mers, de beaux échantillons d'un *Leptoclinum* dont les cormus, très épais, sont d'un rouge éclatant, et que je rapporte au *Leptoclinum Lacazii*, Giard.

Vers *Bordeaux* et sur toute la portion qui s'étend entre ce petit port et le rocher *Homptol* (au-dessous du fort Doyle), la côte est extrêmement intéressante à explorer, et elle offre une faune d'une grande variété, bien que dans un espace assez restreint. Certaines régions sont occupées par des zostères qui abritent leur faune ordinaire ; d'autres points offrent de petites plages sableuses, parcourues par des ruisseaux dans lesquels on trouve des *Sagartia bellis* et *S. parasitica, Bunodes gemmacea*. Enfin, sous les rochers et sous les pierres encroûtées d'algues calcaires, vivent un assez grand nombre d'espèces peu communes. Les Oursins, les Comatules, les Ophiures, les *Asterias glacialis* y sont très abondants. J'ai trouvé plusieurs échantillons de *Molgula socialis, Cynthia sulcatula, Ascidiella scabra, Clavelina lepadiformis, Chœlopterus Quatrefagesii, Edwardsia callimorpha, Caryophillia Smithii*, etc. ; plusieurs Éponges calcaires : *Grantia ensata, Sycon tessellatum, Leucosolenia lacunosa*, etc. Cette région de la côte qui s'étend au nord de Bordeaux est certainement celle dont l'exploration m'a été la plus profitable.

La baie de l'*Ancresse* est très pauvre et n'offre que des rochers nus sur lesquels on trouve des *Actinia equina*, var. *fragracea*. Elle n'offre aucun intérêt.

Le *Grand-Hâvre* est une station assez intéressante sous le rapport de la faune. Les algues qui recouvrent les pierres abritent de nombreux Crustacés inférieurs (*Idothea tricuspidata* et *appendiculata, Atylus Swammerdamii, Podocerus falcatus, Anonyx Edwardsii*) avec des *Galathœa squamifera, Athanas nitescens, Stenorhynchus phalangium, Xantho florida*, etc. Parmi les Polychètes, j'ai surtout trouvé : *Phyllodoce laminosa, Eulalia clavigera, Glycera capitata, Eteone longa, Siphonostomum uncinatum*, etc. Les *Ascidia producta* et *Cynthia sulcatula* sont communes. Les rochers sont tapissés de touffes de *Cynthia rustica* sous lesquelles vivent des Vers et des Crustacés. Les Éponges sont assez variées : *Tethya lyncurium, Dictyocylindricus ramosus, Halichondria incrustans*, etc.

Les baies de *Cobo* et de *Vazon* m'ont paru assez pauvres. Le sable qui en occupe le fond ne renferme que des Annélides peu intéressantes, et les rochers y sont recouverts d'Éponges très communes (au moins celles que j'ai pu déterminer).

J'ai trouvé à Cobo un échantillon de *Chalina cervicornis*, mais qui avait été rejeté par la mer. A la baie Vazon, les *Pholas dactylus* sont assez communs. On trouve dans cette baie les restes d'une forêt submergée, et les habitants en ont extrait autrefois une quantité considérable de combustible ; on donne dans le pays le nom de *corban* à ces débris de bois submergé.

Les environs de l'île de *Lihou* et la baie de *Rocquaine* offrent au contraire une faune assez riche. La physionomie de cette région, aussi bien sous le rapport de la configuration de la côte et de l'aspect des rochers à mer basse, que sous le rapport de la faune, est absolument identique à celle de la région méridionale de Jersey, à la grève d'Azette par exemple. La mer y forme de nombreuses mares dont le fond est tapissé par des zostères, et les rochers sont couverts d'algues au milieu desquelles pullulent les Crustacés, les petits Polychètes, les Ascidies composées. Quelques espèces rares ou absentes à Jersey se rencontrent aussi dans cette station ; les Comatules, par exemple, y sont très communes ainsi que les *Glycera capitata*. J'y ai trouvé aussi quelques *Cucumaria pentactes* et une *Cucumaria frondosa*.

De toutes les petites baies qui existent le long de la côte méridionale de Guernesey, la seule intéressante est celle du *Moulin-Huet*. Le fond de ce petit golfe offre des rochers de pegmatite taillés en pointes aiguës et tapissés d'Algues, d'Éponges et d'Actinies, dont l'ensemble rappelle un peu la faune des grottes du Gouliot à Sark, quoique beaucoup moins riche que dans cette dernière station.

Les *Cynthia rustica*, *Halichondria panicea*, *Hymeniacidon caruncula* et *mammeata* sont très développés et sont associés à des *Cynthia sulcatula*, *Molgula socialis*, *Leucosolenia lacunosa*, *Grantia compressa* et *ensata*, *Sycon ciliatum*. Les *Actinia equina* sont représentées par de nombreuses variétés ; on rencontre aussi quelques échantillons de *Sagartia sphyrodeta*.

A Fermain-Bay, j'ai rencontré des *Caryophillia Smithii*.

Spongiaires. — La faune des Éponges est particulièrement

riche sur les côtes de Guernesey. À côté des *Sycon ciliatum* communs partout, j'ai trouvé au Moulin-Huet, à Bordeaux et à Belgrave-Bay quelques *S. tessellatum*, Bow., éponge qui, d'après Bowerbank, ne se trouve qu'aux grottes du Gouliot. Les *Grantia compressa* et *ensata*, Bow., sont aussi communes à Bordeaux, où elles sont associées à la *Leucosolenia lacunosa*, Bow. La *Leucosolenia botryoides* est commune dans toutes les prairies de zostères. J'ai retrouvé à Guernesey toutes les Éponges que j'ai signalées à Jersey, plus quelques formes, telles que *Ophlitaspongia papillata*, Bow. (Belgrave-Bay), *Chalina cervicornis*, Bow. (Cobo) et les *Isodyctia densa*, Bow., *Is. infundibuliformis*, Bow., et *Polymastia mammillaris*, Bow., que j'ai rencontrées dans des produits de dragage rapportés par un pêcheur.

Cœlentérés. — Les Actinies sont plus nombreuses et plus intéressantes à Guernesey qu'à Jersey. Les *Actinia equina* et *Anemonia sulcata*, assez communes dans les baies de la côte occidentale, sont moins abondantes dans le Nord et font place à des types moins communs, tels que les *Aiptasia Couchii*, Gosse, qu'on trouve en abondance les jours de grandes marées, pendues aux rochers, tout le long de la côte depuis Saint-Pierre jusqu'au fort Doyle. Cette espèce si commune à Guernesey paraît jusqu'à maintenant être fort peu répandue, et on ne la rencontre guère que sur quelques points des côtes d'Angleterre (Falmouth). Les *Teallia crassicornis*, très abondantes au nord de Bordeaux, atteignent une taille remarquable et sont associées aux *Sagartia bellis, troglodytes, parasitica*, et enfin à la *S. sphyrodela* : cette dernière, comme l'*Aiptasia*, ne s'observe que dans des stations qui ne découvrent qu'aux grandes marées.

Une variété d'*Actinia equina*, l'*A. fragracea*, est très commune à la baie de l'Ancresse et au Moulin-Huet. J'ai aussi rapporté de Bordeaux de beaux échantillons d'*Edwardsia callimorpha*. Enfin le *Caryophillia Smithii* paraît assez commun à Bordeaux et à Fermain-Bay.

Quant aux Lucernaires que j'ai trouvées à Herm, je ne les ai pas rencontrées à Guernesey.

Échinodermes. — Ils sont beaucoup plus abondants à Guernesey qu'à Jersey. L'oursin ordinaire, *Strongylocentrotus lividus*, rare à Jersey où on ne le capture qu'à la drague, est très abondant à Bordeaux, où il se montre en compagnie des *Ophiotryx fragilis, Ophiocoma neglecta, Asteriscus verruculatus, Asterias glacialis* et *Antedon rosaceus.*

J'ai rencontré dans la même station quelques *Cribella oculata* et quelques *Asterias rubens.* Les *Cucumaria pentactes,* Gunn., paraissent aussi abondantes au nord de Bordeaux; j'ai trouvé avec elles deux échantillons de *Cucumaria frondosa,* Müll. Les Synaptes sont fort communes et on les trouve sur tout le pourtour de l'île.

Sur la côte occidentale, la faune des Échinodermes est moins variée. Les Comatules sont assez répandues dans la baie de Rocquaine, où elles sont accompagnées des *Asterias glacialis, Ophiotryx fragilis* et *Asteriscus.* Les *Cucumaria pentactes* et *frondosa* existent aussi dans cette baie, mais je n'ai trouvé les Oursins que dans le nord dé l'île.

J'ai rencontré un jour un petit *Echinocardium cordatum,* Penn., aux environs du port, près du château Cornet; c'est le seul échantillon de cette espèce que j'aie trouvé aux îles anglaises. Enfin j'ai observé dans les produits d'un dragage des fragments de *Luidia fragilissima,* Forb. Cette espèce intéressante paraît être assez abondante aux environs de Guernesey. Une personne qui recueille des Actinies pour les aquariums en Angleterre m'en a montré un échantillon entier trouvé un jour, à mer basse, au nord de Bordeaux. Le fait mérite d'être signalé, car la *Luidia* paraît être une forme assez rare.

VERS. — Une liste des Vers de Guernesey a été publiée en 1866 par Ray Lankester dans les *Annals and Magazine of Nat. history.* J'ai retrouvé la plupart des espèces indiquées par ce savant, du moins pour les Polychètes, mais j'ai capturé un certain nombre de types qu'il ne signale pas. Quant aux Turbellariés, je n'en ai rencontré qu'un petit nombre d'espèces, qui vivent d'ailleurs aussi à Jersey. Je signalerai: *Leptoplana tremellaris,* commun partout; *Prosthecœrcus vittatus,* qui vit dans les prairies de zostères (Belgrave-Bay, Lihou); les échantillons de Guernesey sont plus grands que ceux de Jersey; *Proceros Argus,* Qf. (Grand-Hâvre); *Polycelis levigatus* (Rocquaine-Bay) et *Eurylepta cor-*

nula (Bordeaux, Grand-Hàvre). Le *Lineus longissimus* est très commun à Bordeaux ; il se rencontre aussi à Cobo, à Lihou et près du port, sous les pierres.

Les *Nemertes gracilis* et *Tetrastemma candidum* ne sont pas rares non plus. Les trois espèces de *Valencia* de Jersey se rencontrent dans la vase recouverte de zostères, où elles sont associées à des Marphyses et à des Clyméniens.

Les Polychètes sont très abondants. Les Amphinomiens sont représentés par les *P. squamata*, *P. cirrata* et *Sthenelais Edwardsii*, communs à Bordeaux, au Grand-Hàvre et à Rocquaine-Bay. Lankester cite aussi l'*Harmothoe sarniensis*, que je n'ai pas rencontré ; quant à l'*H. Malmgreni*, Lank., qui vit, comme on sait, en commensal dans le tube des Chétoptères, et que cet auteur indique à Herm, je l'ai trouvé aussi à Guernesey, dans le tube des Chétoptères provenant du port de Saint-Pierre.

Parmi les Euniciens, je citerai : *Eunice Harrassii*, abondante partout ; *Marphysa sanguinea*, des sables vaseux de Bordeaux et de Rocquaine-Bay ; *Staurocephalus rubrovittatus*, Gr., trouvé à Bordeaux sous les cailloux encroûtés d'algues calcaires ; *Lombriconereis contorta* et *humilis*, *Lysidice ninetta*, espèces aussi communes qu'à Jersey. Parmi les Nephtydiens : *Nephtys Hombergii* et *longosetosa*, cette dernière vivant aussi à la côte, et dont j'ai trouvé un échantillon au Grand-Hàvre. Parmi les Chlorémiens : *Siphonostomum uncinatum*, assez commun, et *Chlorœma Dujardinii*, Qf., qui se trouve à Bordeaux en compagnie des Oursins. L'*Aonia foliacea* se rencontre quelquefois dans la baie de Rocquaine.

Je ne cite que pour mémoire : *Cirratulus Lamarkii*, *Nereis cultrifera* et *Dumerilei*, *Aricia Cuvieri*, *Arenicola piscatorum* et *ecaudata*. Les Phyllodociens sont représentés par la *Phyllodoce laminosa*, un peu moins commune que l'*Eulalia clavigera*, et l'*Eteone longa*. J'ai trouvé ces trois espèces dans tous les points que j'ai explorés. La *Glycera capitata* est extrêmement commune ; elle est parfois associée à la *Gl. lapidum*.

Parmi les Syllidiens, je citerai : *Syllis amica* et *divaricata*, *Grubea fusifera*, plus un certain nombre de petites espèces identiques à celles de Jersey et qui ne sont pas déterminées.

Deux espèces de Chétoptères vivent à Guernesey : le *Chœto-pterus Valencinii*, Qf., et le *Ch. Quatrefagesii*, Jourd. Le premier est très commun dans le port même de Saint-Pierre, dans la portion comprise entre le vieux port et la jetée qui limite le nouveau port au nord. Cette espèce, qui possède un tube en forme d'U, est identique à celle de Herm. Ray Lankester, qui ne signale pas le Chétoptère à Guernesey, appelle l'animal de Herm *Ch. perga-mentanus*, Cuv. Il n'est pas facile de décider si les *Ch. perga-mentanus* et *Valencinii* sont deux formes identiques ; mais les échantillons du port de Saint-Pierre et ceux de Herm offrent tous les caractères du *Ch. Valencinii* décrit par Quatrefages. La région antérieure offre tantôt onze, tantôt douze anneaux. Dans le tube de ce Chétoptère vit en commensal, dans la moitié des échantillons environ, l'*Harmothoe Malmgreni*, dont on ne rencontre jamais qu'un seul spécimen à la fois.

La deuxième espèce de Chétoptère de Guernesey, que j'ai trouvée à Bordeaux, est identique à celle que j'ai signalée à Jersey, le *Ch. Quatrefagesii*, dont les caractères différentiels ont été nettement établis par Jourdain. Son tube n'est jamais contourné en U, mais il est simplement appliqué contre la face inférieure d'une pierre ; il ressemble à un gros tube de Térébelle. Sa consistance est la même que celle du tube du *Ch. Valencinii*, mais il est beaucoup plus mince. L'animal est plus petit que dans cette dernière espèce, et la région antérieure du corps n'offre que neuf anneaux.

Le *Clymene lombricoides* accompagne la Marphyse dans les sables vaseux. J'ai trouvé à Bordeaux le *Petaloproctus terricola* renfermé dans un tube à parois très épaisses, formé d'un sable fin agglutiné et fixé à la face inférieure des pierres.

La faune des Térébelliens et des Serpulliens est peu différente de celle de Jersey. Les *Terebella conchilega* et *nebulosa* sont communes à Bordeaux, au Grand-Hâvre et sur la côte occidentale de l'île, où l'on rencontre aussi la *T. prudens*. J'ai trouvé au Nord de Bordeaux un échantillon d'une Térébelle malheureusement en fort mauvais état, que je rapporte à la *T. Montagui*, Qf. (*T. cirrata*, Mont.), signalée par Lankester à Guernesey. La *Protula protensa* est aussi commune dans la baie de Rocquaine.

Les *Sabella arenilega* et *verticillata* sont communes ; la

S. pavonina est assez rare et je n'en ai rencontré que deux échantillons au Grand-Hâvre. Avec les *Spirorbis communis, Vermilia conigera* et *tricuspis,* je citerai encore la *S. fascicularis,* très répandue à Bordeaux.

Comme à Jersey, les Géphyriens sont représentés par les *Phascolosoma elongatum* et *margaritaceum.*

Ascidies. — La faune des Ascidies simples paraît un peu moins développée à Guernesey qu'à Jersey. Je n'ai pas trouvé à Guernesey les *Cynthia granulata, Ascidiella aspersa, Molgula roscovita* et *Ctenicella Lanceplaini* de Jersey. Les autres Ascidies sont celles de Jersey. La *Molgula socialis,* Ald., est assez commune à Bordeaux; je l'ai retrouvée au Moulin-Huet, mais toujours d'assez petite taille dans cette dernière localité.

Les Ascidies composées, peu fréquentes à Bordeaux et dans le Nord de l'île, sont plus abondantes à Lihou et dans la baie de Rocquaine où les *Amaroucium, Fragarium, Morchellium, Leptoclinum, Botryllus* et *Botrylloides* sont représentés par des espèces variées. Je rappellerai aussi le *L. Lacazii,* que j'ai signalé plus haut à Belgrave-Bay.

Crustacés. — Il est un certain nombre d'espèces capturées à Jersey que je n'ai pas retrouvées à Guernesey, telles que : *Stenorhynchus ægyptus, Portunus pusillus, Thia polita, Galathœa strigosa, Inachus dorsettensis, Crangon sculptus, bispinosus* et *trispinosus, Mysis Griffithsiœ* et tous les types que j'ai capturés à la drague à Jersey. Certaines formes de Décapodes, telles que : *Pirimela denticulata, Xantho florida* et *rivulosa,* sont communes à Guernesey. Mais en général la faune des Crustacés n'est pas très riche, surtout dans le Nord de l'île. Le *Scyllarus arctus,* Rœm., est fréquemment rapporté par les pêcheurs qui le draguent au large de l'île.

Quant aux Isopodes et aux Amphipodes, ils sont absolument identiques à ceux de Jersey. Certaines espèces : telles que *Paranthura Costana, Apseudes talpa, Tanais vittatus, Leptochelia Edwardsii,* sont plus communes au Grand-Hâvre, dans les baies de Belgrave et de Rocquaine qu'à Jersey.

Mollusques. — Un assez grand nombre d'espèces signalées à Jersey par M. Duprey n'ont pas été retrouvées par moi à Guernescy. Mais il ne faut pas comparer les résultats obtenus pendant quelques semaines de recherches à ceux qu'a obtenus M. Duprey après une longue étude. J'ai indiqué, dans la liste d'animaux qui termine ce travail, quelques espèces qu'il n'a pas trouvées à Jersey et que j'ai rencontrées à Guernesey, dans le Nord de l'île.

Les Nudibranches sont représentés, comme à Jersey, par les *Doris flammea*, Ald., *tuberculata*, Ald., *Johnstoni*, Ald., *Eolis Cuvieri*, Lam., *Triopa claviger*, Müll., et *Pleurobranchus membranaceus*, Mont., espèces qui sont toutes assez communes dans les prairies de zostères.

Dans le Nord de l'île de Guernesey existent deux mares d'eau saumâtre : l'une située près de l'église de Vale dans une propriété particulière, l'autre à l'Ouest du Grand-Hâvre, près de la route qui longe la côte occidentale de cette baie pour conduire vers la *pointe Rousse*. Près de Saint-Sampson, aux environs du vieux château de Vale, se trouve aussi un petit ruisseau d'eau saumâtre dans lequel on ne trouve guère que des *Palœmon varians*, Leach. Mais la faune des deux mares est plus intéressante.

La mare de Vale est en communication libre avec la mer qui peut y entrer à toutes les marées. Les espèces qui vivent ordinairement dans l'eau douce y sont peu nombreuses. Ce sont des larves de *Chironomus* et quelques *Pisidium*. Les types marins y sont représentés par des *Mysis chamœleon*, *Idothea tricuspidata, Melita palmata, Corophium longicorne*, Latr., *Gammarus locusta* et *marinus, Spheroma serratum* et *Rissoa labiosa*. Les *Palœmon varians* et *Philhydrus maritimus* y sont très abondants. Près du rivage, des plantes d'eau douce, des Scirpus et des Joncs, sont très vigoureuses et s'accommodent très bien d'une existence dans l'eau saumâtre.

La mare située à l'ouest du Grand-Hâvre est moins étendue que la précédente ; l'eau de la mer y pénètre par infiltration. J'y ai trouvé de nombreuses larves de Diptères appartenant au moins à quatre espèces différentes, ainsi que celles d'un Hémiptère du genre *Corysa*, associées à des *Philhydrus*. Les *Melita palmata* et *Iœra Nordmanni* y sont très abondantes ainsi que les *Gammarus*. Dans la vase qui se trouve près des bords, j'ai trouvé plusieurs échantillons de *Nereis falsa*, Qf.

HERM.

L'île de Herm est située à 5 kilomètres de la côte orientale de Guernesey, dont elle est séparée par un étroit chenal, *le Petit-Russell,* où la mer présente des courants extrêmement violents. L'île de Herm n'offre qu'une largeur d'un kilomètre sur trois kilomètres de long. La côte, taillée à pic à l'Est et surtout au Sud, s'abaisse au contraire en pente douce vers le Nord et l'Ouest. La mer, en se retirant, découvre sur la côte occidentale une immense plage de sable qui s'étend, lors des grandes marées, jusqu'à une distance d'un kilomètre. Aussi la superficie de l'île se trouve-t-elle doublée à mer basse, et les contours de l'île sont très différents suivant le moment de la marée. Vers le Nord, la mer découvre une grève beaucoup moins étendue et parsemée de nombreux rochers.

Les communications avec l'île de Herm ne sont pas faciles, car les courants violents qui règnent autour de l'île ne permettent aux pêcheurs de s'y rendre à la voile que par des temps très favorables. Quant aux services à vapeur, ils sont peu nombreux et ne coïncident pas toujours avec le moment de la basse mer. Les quelques excursions que j'ai pu faire à l'île de Herm m'ont permis de reconnaître que cette station était d'une richesse exceptionnelle. J'aurais vivement désiré m'y installer pour quelques jours, mais il est impossible de trouver à s'y loger.

La partie occidentale de l'île offre, à mer basse, une plage immense formée d'un sable coquillier, et sur laquelle s'élèvent quelques rochers désignés sur les cartes marines sous les noms de *Vermerette, Hermelier* et *Homet.* Dans cette grève vivent un grand nombre d'espèces d'animaux appartenant à des types très variés et dont on peut faire une abondante récolte en remuant le sable à la bêche. Dans la région N.-O. de l'île, au voisinage des rochers *Homet,* s'étendent de vastes prairies de zostères qui se continuent jusqu'au Nord de l'île, où elles font place à de nombreux rochers. Il y a donc lieu de distinguer trois régions distinctes, dans chacune desquelles la faune présente une physionomie particulière.

1° SABLES COQUILLIERS. — Ces sables sont formés par des débris de coquilles amenés par les courants violents qui règnent autour de Herm et qui sont rejetés par la mer à la côte où ils s'accumulent en quantité considérable. Ces débris se rencontrent aussi en certains points de la côte occidentale, mais ils n'abritent pas d'animaux ; en revanche, les coquilles sont beaucoup mieux conservées que sur la côte occidentale, car elles sont moins roulées par les vagues, et les conchyologistes pourraient y recueillir en peu de temps un grand nombre de formes intéressantes. Les coquilles qu'on trouve le plus souvent dans ce sable appartiennent aux espèces ci-dessous indiquées. Je donne l'énumération de ces espèces qui n'appartiennent pas en réalité à la faune de Herm, puisque ce sont des débris morts, pour montrer la variété des échantillons qu'on peut récolter dans ces sables.

Gastéropodes.

Patella vulgata, L.	*Lacuna pallidula,* D. C.
Helcium pellucidum, L.	*Littorina obtusata,* L.
Tectura virginea, Müll.	— *rudis,* Mat.
Emarginella fissura, L.	*Rissoa parva,* D. C.
Fissurella græca, L.	— *cingillus,* Mont.
Calyptræa chinensis, L.	— *cancellata,* D. C.
Trochus magnus, L.	*Odostomia lactea.* L.
— *cinerarius,* L.	*Natica catenata,* D. C.
— *umbilicatus,* Mont.	*Cerithium reticulatum,* D. C.
— *striatus,* L.	*Purpura lapillus,* L.
— *exasperatus,* Penn.	*Murex erinaceus,* L.
— *zizyphinus,* L.	*Lachesis minima,* Mont.
— *tumidus,* Mont.	*Nassa incrassata,* Ström.
Phasianella pulla, L.	*Cypræa europæa,* Mont.
Lacuna divaricata, Fabr.	*Dentalium tarentinum,* Lam.

Lamellibranches.

Anomia ephippium, L.	*Cardium fasciatum,* Mont.
Pecten pusio, L.	— *nodosum,* Turt.
— *varius,* L.	— *edule,* L.
— *opercularis,* L.	— *norwegicum,* Sp.
Nucula nucleus, L.	*Venus exoleta,* L.
Pectunculus glycyremis, L.	— *casina,* L.
Arca lactea, L.	— *verrucosa,* L.
— *tetragona,* Poli.	— *ovata,* Penn.
Lucina borealis, L.	*Lima hians,* Gmel.

Un examen plus attentif permettrait sans doute de reconnaître encore beaucoup d'autres espèces.

L'ensemble des animaux qui vivent dans ces sables constitue une faune très remarquable.

Les Actinies sont représentées par des *Bunodes gemmacea, Sagartia bellis* et *Peachia undata*, Gosse. On sait que cette dernière espèce est assez rare. La figure qu'en donne Gosse est insuffisante, mais l'espèce de Herm se caractérise facilement par sa *conchula* à cinq lobes et par ses tentacules offrant des bandes circulaires. Les plus gros échantillons peuvent atteindre une longueur de 20 centimètres sur une largeur de 3 à 4 centimètres. Les téguments offrent une belle couleur rose avec des taches rouge-brique. La *Peachia* s'enfonce très profondément dans le sable. Pour la recueillir, il faut rechercher sur la plage le trou qui indique sa présence et enfoncer vivement la bêche pour ne pas laisser à l'animal le temps de se retirer plus bas. Les *Peachia* sont associées à des *Edwardsia* dont la colonne présente une couleur grise très claire, et des téguments délicats et transparents ; ces *Edwardsia* doivent être rapportées à l'*E. Harrassii*, Qf.

Les ÉCHINODERMES sont surtout représentés par des *Spatangues* et des *Echinocardium flavescens*, Müll., qui sont enfouis dans le sable à une profondeur de dix centimètres. On reconnaît facilement leur gîte grâce au petit cône de sable qui les recouvre.

Les *Ech. flavescens* atteignent une taille remarquable ; les plus gros n'ont pas moins de 7 à 8 centimètres de long sur 6 à 7 de large. Ils diffèrent des échantillons de la Méditerranée, d'abord par leur taille, puis par leur coloration qui est gris foncé, jamais rosée, de sorte que le nom d'*Amphidetus roseus* ne leur serait guère applicable[1]. Je retrouve sur ces échantillons les petits pédicellaires à valves charnues, d'une couleur rouge foncé que j'ai signalés chez les *Echinocardium* de la Méditerranée. Les *Echinocardium* sont un peu moins fréquents que les Spatangues à Herm. Les Synaptes (*S. inhærens*) sont très abondantes.

Un Némertien de très grande taille vit dans ces sables coquil-

---

1. Je ne serais pas éloigné de croire que ces *Echinocardium* de Herm doivent appartenir à une espèce réellement distincte de l'*Ech. flavescens,* et qu'ils constituent une nouvelle espèce.

liers ; son corps, d'une couleur foncée, presque noire, sauf à l'extrémité antérieure qui est plus claire, est aplati et a un centimètre de large au moins, et une longueur considérable. Un échantillon incomplet que j'avais extrait avec beaucoup de peine, avait 50 centimètres de long ; il s'est divisé spontanément et de suite en un grand nombre de petits fragments, comme le font les Synaptes. Cette Némerte est évidemment voisine, si elle ne lui est pas identique spécifiquement, de l'espèce du Pouliguen que Giard a décrite sous le nom d'*Avenardia Priei*. Tout ce que le savant professeur dit de cette espèce s'applique à l'animal de Herm ; il a remarqué que, « lorsqu'on le sort de l'eau, au lieu de s'étendre mollement comme le *Lineus*, l'animal se brise très rapidement en une multitude de fragments de plus en plus petits. Quand la division s'arrête, les fragments n'ont guère plus de deux centimètres de long, et chacun d'eux a pris une forme arrondie grâce à la contraction des muscles qui diminue peu à peu la surface vive de section et finit par la faire disparaître complètement », phénomènes que j'ai observés sur l'*Avenardia* de Herm.

Outre les *Nephtys Hombergii*, *Aricia Cuvieri*, *Arenicola piscatorum* et *Sthenelais Edwardsii*, certaines espèces intéressantes de POLYCHÈTES vivent dans le sable de l'île de Herm. Je mentionnerai une *Glycera* de grande taille que je rapporte à la *G. alba*, Ratke, et qui est très fréquente, ainsi que de nombreux Cyméniens : *Clymene lombricoides*, A. et E., *Leiocephalus coronatus*, Qf., *Arenia cruenta*, Qf., et *fragilis*, Qf. ; j'ai aussi capturé dans les endroits vaseux, près de la portion recouverte de zostères, quelques *Ammotrypane œstroides*, Ratke.

Parmi les Tubicoles, les *Terebella conchilega*, Pall., *Sabella pavonina*, Sav., et *arenilega*, Qf., sont très communes. Mais ce sont surtout les Chétoptères (*Ch. Valencinii*, Qf.) qui sont abondants dans toute l'étendue de la plage ; on les trouve presque à chaque pas, et jusque dans des points très rapprochés du rivage, qui découvrent à presque toutes les marées.

Quant aux DÉCAPODES, ils sont représentés par cinq espèces : *Thia polita*, *Corystes cassivelaunus*, *Callianassa subterranea*, *Gebia deltura* et *Axius stirhynchus*. Ces espèces, on le sait, sont toujours fouisseuses.

Les Mollusques sont aussi très abondants et appartiennent aux espèces suivantes : *Lutraria oblonga*, Chemn., *Solecurtus candidus*, Ren., *Tellina squalida*, Pult., *Solen ensis*, L., et *vagina*, L., *Pectunculus glycyremis*, L., *Psammobia ferroensis*, Chemn., *Mya truncata*, L., *Cardium norwegicum*, Sp., *Astarte triangularis*, Mont., *Donax politus*, Poli, *Mactra glauca*, Born., *Natica Alderi*, Forbes, et *Skenea planorbis*, Forbes.

L'*Amphioxus lanceolatus* est extrêmement commun dans les sables coquilliers, à la limite de la laisse des plus basses mers. Les échantillons sont toujours d'assez grande taille et atteignent une longueur de 6 centimètres.

J'ai enfin trouvé dans ces sables coquilliers un beau *Balanoglossus* dont j'ai déjà donné la description dans une note adressée à l'Académie des Sciences.

Le *Balanoglossus* de l'île de Herm est très long et d'assez forte taille. Comme il est extrêmement mou et que son corps est toujours allongé sauf vers son extrémité postérieure qui reste pelotonnée, il ne m'est jamais arrivé de recueillir un seul échantillon entier. La longueur moyenne des échantillons paraît être de 35 à 40 centimètres. Mais certains individus acquièrent une plus grande longueur, car j'ai recueilli des morceaux de tube digestif remplis de sable correspondant au segment situé au delà des appendices hépatiques, qui avaient à peu près 40 centimètres de longueur. La largeur est d'environ un centimètre au niveau du collier.

La trompe conique, d'un centimètre et demi de longueur quand elle est étendue, est d'une couleur jaune vif. La portion suivante du corps, ou branchio-génitale, qui s'étend jusqu'à la région hépatique, est d'une couleur rouge foncé qui passe au vert foncé au niveau des diverticulums hépatiques. La couleur verte se prolonge au delà du point où les diverticulums disparaissent, puis se perd peu à peu, et la dernière portion du corps, ayant 10 ou 20 centimètres de longueur, est tout à fait incolore.

Le collier a une longueur d'un centimètre. Son bord antérieur offre de petits lobes inégaux ; son bord postérieur n'est séparé de la région branchiale que par un léger sillon transversal. La région du corps qui suit le collier est assez profondément excavée sur la face dorsale ; la gouttière qu'on y remarque, très profonde au delà de la région branchiale, s'atténue peu à peu en arrière et disparaît un peu en avant de la région hépatique, où le corps est à peu près cylindrique. La région branchiale a une longueur d'un centimètre et demi environ. Sur la face dorsale, elle présente un triangle allongé dont le sommet est dirigé en arrière, limité de chaque côté par un léger sillon, et offrant vers son milieu un sillon longitudinal plus profond, duquel partent latéralement de petites rides très peu accusées, plus nombreuses que les lignes de séparation des anneaux du corps.

Les cœcums hépatiques, au nombre d'une quarantaine, sont de simples diverticulums de la paroi intestinale indépendants les uns des autres.

La région postérieure est irrégulière ou plus ou moins bosselée, suivant la quantité de sable grossier qu'elle renferme.

Ce *Balanoglossus*, comme toutes les espèces du même genre, sécrète, par ses glandes cutanées, un mucus très abondant. On sait que le mucus des *Balanoglossus* présente une odeur particulière et que cette odeur varie avec l'espèce. Ainsi une espèce trouvée par Giard aux îles des Glénans, en face de Concarneau, le *B. Robinii*, sécrète un mucus communiquant à l'alcool une forte odeur de rhum. Dans l'espèce de Herm, ce mucus présente une odeur très marquée et tout à fait caractéristique d'iodoforme. Cette odeur est extrêmement tenace ; j'en ai encore retrouvé des traces sur des échantillons plusieurs fois changés d'alcool.

Comme ce *Balanoglossus* diffère par ses caractères de toutes les espèces décrites jusqu'à maintenant, je lui ai donné le nom de *B. sarniensis* pour rappeler la localité où je l'ai trouvé.

Le *B. sarniensis* paraît exister sur toute l'étendue de la plage à l'île de Herm, mais il ne paraît pas y être très répandu, car en remuant le sable à la bêche pendant deux heures, c'est-à-dire pendant tout le moment de la basse mer, je n'en rencontrais guère que deux ou trois échantillons. Rien d'ailleurs n'indique à l'extérieur la présence de *Balanoglossus* dans le sable, et je n'ai jamais remarqué ce tortillon de sable dont parle Giard et qui indique le gîte des *Balanoglossus* aux îles des Glénans.

2° Dans les zostères qui s'étendent jusqu'au nord de l'île vivent quelques formes intéressantes, mais qui se trouvent aussi à Jersey et à Guernesey. Quelques Éponges (*Leucosolenia botryoides*, *Isodyctia fucorum*), des Ascidies composées (*Aplidium zostericola*, *Leptoclinum maculosum*, *asperum*, *gelatinosum*, *sabulosum*, *Didemnum sargassicola*, *Botrylloides* et *Botryllus*) y sont communes ; les Crustacés de petite taille (*Mysis vulgaris* et *chamæleon*, *Gastrosaccus sanctus*, *Cuma Audouini*, *Hippolyte varians*, et nombreux Amphipodes) y pullulent. Sur les zostères sont fixées de nombreuses Lucernaires (*L. octoradiata*, Lam.) ; je ne les ai observées que dans cette seule station.

3° Sous les pierres et sous les roches vers le nord et le nord-ouest de l'île se cache une faune très riche.

Parmi les CŒLENTÉRÉS citons : *Sagartia sphyrodeta*, *S. viduata*, Müll., *Aiptasia Couchii* et *Corynactis viridis*, Allm., représentés par plusieurs variétés qui tapissent la face inférieure des rochers en compagnie de l'*Alcyonium digitatum*, L.

Parmi les ÉPONGES : *Sycon ciliatum* et *tessellatum*, *Grantia compressa*, *Dictyocylindricus ramosus*, *Hymeniacidon caruncula*, *mammeata*, *Halichondria incrustans*, *H. panicea* et *Isodyctia simulans*.

Les Échinodermes sont représentés par des *Strongylocentrotus lividus*, assez commun, *Asterias glacialis*, qui se trouve sous presque toutes les pierres, *Ophiotryx fragilis*, *Ophiocoma neglecta* et *Comatula rosea*, espèces très répandues. Les *Cribella oculata* et *Asterias rubens* se rencontrent parfois sur le sable. L'*Echinocyamus pusillus*, Flem., est assez commun ; il se trouve aussi dans les zostères. Les *Cucumaria pentactes* ne sont pas rares. J'ai trouvé une fois dans un des renflements bulbeux qui sont à la base des Laminaires, un échantillon d'une Holothurie malheureusement égaré ; d'après la description que j'en ai conservée, je ne crois pas me tromper en le rapportant au *Psolinus brevis*, Forbes.

Les Turbellariés sont assez abondants : les *Leptoplana tremellaris* et *Prosthecæreus vittatus* sont fréquents ; les *Polycelis levigatus* et *Eurylepta cornuta* leur sont parfois associés, mais sont plus rares. Quant aux Némertes, je mentionnerai : *Lineus longissimus*, *Nemertes gracilis*, *Tetrastemma candidum* et des *Valencia*.

Les Polychètes sont représentés par presque toutes les espèces de Guernesey. J'indiquerai particulièrement une très grande espèce de *Lombriconereis*, ayant 6 à 7 millimètres de large, dont je n'ai malheureusement pas obtenu l'extrémité antérieure et que je rapproche du *L. gigantea* décrit par Quatrefages, et le *P. areolata*, Gr., que je n'ai pas observé à Guernesey. Quant aux autres espèces que j'ai rapportées de Herm, ce sont surtout : *Polynoe cirrata, Sthenelais Edwardsii, Eunice Harrassii, Marphysa sanguinea, Staurocephalus rubrovittatus, Lysidice ninetta, Lombriconereis contorta, Aonia foliacea, Cirratulus Lamarkii, Siphonostomum uncinatum, Nereis Dumerilei, Syllis amica, Eulalia clavigera, Phyllodoce laminosa, Eteone longa, Glycera capitata*, etc.

Le Crustacé le plus intéressant de cette région est l'*Alpheus ruber*, Edw. ; on sait que cette espèce est essentiellement méditerranéenne. Bell le décrit dans son ouvrage d'après un échantillon trouvé dans l'estomac d'une morue à Falmouth. L'*Alpheus* n'est pas abondant à Herm ; j'en ai cependant recueilli quelques échantillons. Il signale d'ailleurs sa présence par le bruit qu'il produit en faisant craquer l'article mobile de ses pattes ravisseuses.

Avec l'*Alpheus ruber* j'ai rencontré : *Stenorhynchus phalangium, Inachus dorynchus, Pisa Gibsii* et *tetraodon, Xantho florida, Pilumnus hirtellus, Pirimela denticulata, Portunus puber* et *Athanas nitescens*.

Parmi les Mollusques, je dois signaler deux Céphalopodes : *Ommastrephes sagittatus*, Lam., et *Eledone cirrhosa*, Lam. ; deux autres espèces paraissent aussi spéciales à l'île de Herm : *Galeomma Turtoni*, Turt., et *Lima hians*, Gmel.

Je n'ai pu malheureusement consacrer que quelques heures à mes recherches dans le Nord de l'île de Herm. D'abord, je ne pouvais me rendre à cette île aussi souvent que je l'aurais voulu ; de plus, j'ai surtout exploré les sables coquilliers dans le but de me procurer des *Balanoglossus* dont je tenais à posséder quelques échantillons qui pussent me permettre de faire, à mon retour en France, une étude anatomique de ce type intéressant. Mais les quelques indications, très incomplètes évidemment, que je puis donner sur la faune de Herm, suffisent pour montrer que cette localité est d'une richesse vraiment exceptionnelle, et qu'elle procurerait aux zoologistes assez heureux pour pouvoir l'explorer à fond, des trouvailles extrêmement intéressantes.

La constitution géologique de l'île de Herm est peu différente de celle de Guernesey : dans le Nord, les rochers sont surtout granitiques et offrent quelques veines de syénite ; le Sud de l'île est surtout formé de gneiss.

SARK.

Aux espèces que j'ai trouvées en 1884 dans les grottes du Gouliot je dois ajouter plusieurs Éponges : *Geodia zetlandica*, Johnst., *Tethya lyncurium*, Johnst., et *Collingsii*, Bow., *Microciona atrasanguinea*, Bow., *Hymeniciadon mammeata*, Bow., *Isodyctia simulans*, Bow., et *Raphyrus Griffithsii*, Bow. ; quelques Actinies : *Actinoloba dianthus*, Ell., *Sagartia venusta*, Gosse, *S. viduata*, Müll., et *S. sphyrodeta*, Gosse ; un Amphipode : *Nœnia tuberculosa*, Sp. B., et un Syllidien : *Tripanosyllis Krohnii*, Gr.

Les Mollusques ne sont représentés que par quelques formes assez communes : *Anomia ephippium*, L., *Modiolaria marmorata*, Forb., et *discors*, L., *Chiton discrepans*, Br., et *levis*, Mont., *Mytilus edulis*, L., var. *ungulata*, et *Doris tuberculata*, Cuv.

J'ai enfin trouvé dans les grottes plusieurs *Æpophilus Bonnairei* et des larves de cet intéressant Hémiptère.

LISTE COMPLÈTE DES INVERTÉBRÉS MARINS

RECUEILLIS AUX ILES ANGLO-NORMANDES EN 1884 ET 1885

Spongiaires.

Sycon *ciliatum*, Hœck., j, g, h, s [1].
— *tessellatum*, Bow., g, h, s.
Grantia *compressa*, Flem., j, g, h, s.
— *ensata*, Bow., g.
Leuconia *nivea*, Grant., j, s.
Leucosolenia *contorta*, Bow., s.
— *botryoides*, Bow., j, g, h.
— *lacunosa*, Bow., g.
Leucogypsia *Gossei*, Bow., s.
Geodia *zetlandica*, Johnst., s.
Caminus *osculosus*, Grube, j, s.
Polymastia *mamillaris*, Bow., g, D.
Tethya *lyncurium*, Johnst., j, s.
— *Collingsii*, Bow., s.
Dictyocylindricus *ramosus*, Bow., j, g.
Microcionia *armata*, Bow., j, g, D.
— *atrasanguinea*, Bow., s.
Hymeniacidon *caruncula*, Bow., j, g, h.

Hymeniacidon *mammeata*, Bow., j, g.
— *armatura*, Bow., j, g, h.
— *celata*, Bow., j, g.
Halichondria *panicea*, Johnst., j, g, h, s.
— *incrustans*, Johnst., g, h.
Isodyctia *cinerea*, Bow., j, g.
— *densa*, Bow., g, D.
— *simulans*, Bow., j, g, h, s.
— *fucorum*, Bow., j, g, h.
— *infundibuliformis*, Bow., g, D.
— *parasitica*, Bow., j, g.
Chalina *cervicornis*, Bow., g.
Desidea *fragilis* (?), Johnst., j.
Verongia (*rosea ?*), Barrois, j.
Raphyrus *Griffithsii*, Bow., s.
Ophlitaspongia *papillata*, Bow., g.

Cœlentérés.

Aiptasia *Couchii*, Gosse, g, h.
Actinoloba *dianthus*, Ell., s.
Actina *equina*, L. (*A. mesembryan-themum*, Ell. et Sol.), j, g, h, s.
— *equina*, L., v. *fragacea*, g.
— *equina*, L., v. *olivacea*, etc., j.
Anemonia *sulcata*, Penn. (*Anthea cereus*, Hass.), j, g, h.
Teallia *crassicornis*, Thomp., j, g, h.

Bunodes *gemmacea*, Gosse, j, g, h.
Sagartia *parasitica*, Couch., j, g, h.
— *bellis*, Gosse (*Heliactis bellis*, Ell.), j, g, h.
— *venusta*, Gosse, s.
— *viduata*, Müll., s.
— *sphyrodeta*, Gosse, g, s.
— v. *candida*, j.
— *troglodytes*, Goss., j, g, h.
Adamsia *palliata*, Johnst., j, D.

1. Les lettres *j, g, h, s*, indiquent que les espèces signalées ont été trouvées aux îles de Jersey, de Guernesey, de Herm ou de Sark. Je marque de la lettre D les espèces qui ne se trouvent qu'à la drague. Les espèces marquées d'un astérisque m'ont été indiquées par M. Sinel.

Edwarsia *callimorpha*, Goss., j, g.
— *Harrassii*, Qf., h.
Corynactis *viridis*, Allm., h, s.
— v. *smaragdina*.
— *rhodoprasina*.
— *chrysochlorina*

Corynactis *viridis*, Allm., v. *corallina*.
Peachia *undata*, Goss., h.
Caryophyllia *Smithii*, Stock., g, h.
Alcyonium *digitatum*, L., h, s.
Lucernaria *octoradiata*, Lam., j, h.

Échinodermes.

Strongylocentrotus *lividus*, Br., j (D), g, h.
Sphærechinus *granularis*, Ag., j (D).
Spatangus *purpureus*, Müll., h.
Echinocardium *cordatum*, Penn., g.
— *flavescens*, Müll., h.
Echinocyamus *pusillus*, Flem., h.
Asteriscus *verruculatus*, Retz. (*Ast. gibbosa*), j, g, h.
Asterias *glacialis*, Müll., j, g, h.
— *rubens*, L., j (D), g, h.
Solaster *papposus*, Retz, j, D.

Cribella *oculata*, Penn., j, g, h.
Palmipes *membranaceus*, Retz. j, D.
Luidia *fragilissima*, Forb., g, D.
Ophiotryx *fragilis*, Müll., j, g, h.
Ophiocoma *neglecta*, Johnst., j. g, h.
Ophiura *albida*, Forb., j, D.
— *texturata*, Lam., j, D.
Antedon *rosaceus*, Link., j, g, h.
Cucumaria *pentactes*, Gunn., g, h.
— *frondosa*, Müll., g.
Psolinus *brevis*, Forb., h.
Synapta *inhærens*, Düb. et K., j, g, h.

Vers.

Leptoplana *tremellaris*, OErst., j g, h.
Prosthecæreus *vittatus*, Lang. (*Procerus cristatus*, Qf.), j, g, h.
Oligocladus *sanguinolentus*, Qf., j.
Stilochoplana *maculata*, Stimps., j.
Polycelis *levigatus*, Qf., j, h.
Proceros *argus*, Qf., g.
Eurylepta *cornuta*, Müll., g, h.
Lineus *longissimus*, Simm. (*Borlasia Angliæ*, Qf.). j, g, h.
— *gesserensis*, Johnst., j.
Valencia *splendida*, Qf., j, g, h.
— *longirostris*, Qf., j, g, h.
— *ornata*, Qf., j, g, h.
Amphiporus *lactifloreus*, M. Sert. (*Ommatoplea rosea*, Johnst.; *Polia mandilla*, Qf.), j.
Nemertes *gracilis*, Qf., j. g.
Polia *filum*, Qf., j.
— *sanguirubra*, Qf., j.
Terebratulus *bilineatus*, Ren., j.
Tetrastemma *candidum*, Müll., j, g, h.
Avenardia *Priei*, Giard, h.

Phascolosoma *elongatum*, Kef., j, g, h.
— *margaritaceum*, Sars, j, g, h.

Aphrodite *aculeata*, L., j, D.
— *hystrix*, A. et E., j, D.
Polynoe *cirrata*, Müll., j, g, h.
— *squamata*, Sav., j, g.
— *areolata*, Grub. (*Antinoe nobilis*, Lank.), h.
Lagisca *propinqua*, Malmg. (*P. extenuata*, Gr.), j, g.
Harmothoe *Malmgreni*, Lank., g, h.
Sthenelais *Edwardsii*, Qf., j, g, h.
Eunice *Harrassii*, A. et E., j, g, h.
— *Belli*, A. et E., j.
Marphysa *sanguinea*, A. et E., j, g, h.
Staurocephalus *rubrovittatus*, Gr., g, h.
Lysidice *ninetta*, A. et E., j, g, h.
Lumbriconereis *contorta*, Qf., j, g, h.
— *humilis*, Qf., j, g.
— *gigantea*, Qf. (?), h.

Nephtys *Hombergii*, A. et E., j, g, h.
— *scolopendroides*, D. Ch., j.
— *longosetosa*, OErst., j.
Aonia *foliacea*, A. et E., j, h.
Cirratulus *Lamarkii*, A. et E., j, g, h.
Chloræma *Dujardinii*, Qf., g.
Siphonostomum *uncinatum*, A. et E., j, g, h.
Nereis *cultrifera*, Grub., j, g, h.
— *Dumerilei*, A. et E., j, g, h.
— *Marionii*, A. et E., j.
— *falsa*, Qf. (*Nereilepas parallelogramma*, Clp.), g.
— *irrorata*, Mgr. (*Praxithea irrorata*), j.
Nereilepas *lobulatus*, Qf., j.
Leptonereis *Vaillantii*, St-Jos., j.
Syllis *amica*, Qf., j, g, h, s.
— *divaricata*, Kef., j, g, s.
Grubea *fusifera*, Qf., j.
Claparedia *filigera*, Qf., j.
Tripanosyllis *Krohnii*, Gr., s.
Eulalia *clavigera*, A. et E., j, g, h.
Phyllodoce *laminosa*, Sav., j, g, h.
Eteone *longa*, Sav., j, g, h.
Glycera *capitata*, OErst., g, h.
— *lapidum*, Qf., j.
— *alba*, Ratk., h.
Chætopterus *Valencinii*, Qf., g, h.
— *Quatrefagesii*, Jourd., j, g.
Clymene *lombricoides*, A. et E., j, g, h.
Leiocephalus *coronatus*, Qf., h.
Arenia *cruenta*, Qf., h.
— *fragilis*, Qf., h.
Petaloproctus *terricola*, Qf., j, g.
Arenicola *piscatorum*, Cuv., j, g, h.
— *ecaudata*, Johnst., j, g, h.
Ophelia *bicornis*, Sav., j.
Ammotrypane *œstroides*, Ratk. (*Travisia Forbesii*, Johnst.), h.

Aricia *Cuvieri*, A. et E., j, g, h.
Leucodore *ciliatus*, Johnst., j.
Terebella *conchilega*, Pall., j, g, h.
— *prudens*, Cuv., j.
— *nebulosa*, Mont., j, g.
— *Montagui*, Qf., g.
Sabella *pavonina*, Sav., j, g, h.
— *verticillata*, Qf., j, g.
— *arenilega*, Qf., j, g, h.
Protula *protensa*, Grub., j, g.
Filigrana...., s.
Salmacina *Dysteri*, Qf., j.
Vermilia *conigera*, Qf., j, g.
— *tricuspis*, Qf., j, g.
Serpula *fascicularis*, Lam., j, g.
Spirorbis *communis*, Flem., j, g, h.

———

Argiope *capsula*, Jeffr., .

———

Crisia *denticulata*, Lam., j, g, s.
— *cornuta*, L., j, g, s.
Bugula *avicularia*, L., j, g.
Bicellaria *ciliata*, L., j.
Scrupocellaria *scrupea*, Busk., j, g, s.
— *reptans*, L., j.
Membranipora *pilosa*, L., j, g, s.
— *membranacea*, j, g, h, s.
— *lineata*, L., j.
Cellepora *pumicosa*, L., j, s.
Lepralia *foliacea*, Ell. et Sol., j, g, s.
Mucronella *Peachii*, Jhst., j, g, h, s.
— *coccinea*, Hincks., j.
— *variolosa*, Jhst., j.
Flustrella *hispida*, Fabr., j.
Bowerbankia *imbricata*, Ald., j, g, h.
Smittia *reticulata*, J. Mac., j.
Cribilina *punctata*, Hass., j.
Pedicellina *cernua*, Pall., j, g.
Loxosoma *phascolosomatum*, Vogt., j, g, h.

Ascidies.

Ciona *intestinalis*, L., j, g.
— v. *canina*, j, g.
— v. *fascicularis*, j, g.
Ascidia *mentula*, Müll., j, g, h.

Ascidia *producta*, Hanck., j, g.
Ascidiella *aspersa*, Müll., j, g, h.
— *scabra*, Müll., j.
Polycarpa *glomerata*, Ald., j, g.

Cynthia *rustica*, Müll., j, g, h, s.
— *granulata*, Ald., j, s.
— *sulcatula*, Ald., j, g, h.
Molgula *arenosa*, Ald., s.
— *socialis*, Ald., g.
Anurella *roscovita*, Lac., j.
Ctenicella *Lancoplaini*, Lac., j.
Clavelina *lepadiformis*, Wigm., j, g.
Perophora *Listeri*, Müll., j, g.
Aplidium *zostericola*, Giard, j, g, h.
Amaroucium *Nordmanni*, Edw., j, g, s.
— *albicans*, Edw., j, g, s.
— *proliferum*, Edw., j, g.
Fragarium *elegans*, Giard., j, g.
Morchellium *argus*, Giard., j, g.
Leptoclinum *maculosum*, Edw., j, g.
— *asperum*, Edw., j, g.
— *durum*, Edw., j, g.

Leptoclinum *Lacazii*, Giard., g.
— *fulgidum*, Edw., j, g, h.
— *gelatinosum*, Edw., j, g.
— *sabulosum*, Giard., j, g, h.
Didemnum *sargassicola*, Giard., j, g, h.
Diplosoma *Kœhleri*, Lah., j, g.
Botrylloides *rotifera*, Edw., j, g.
— *rubrum*, Edw., j, g.
Botryllus *Schlosseri*, Sav., j, g, h.
— v. *Adonis*, Giard., j, g.
— *pruinosus*, Giard., j.
— *smaragdus*, Giard., j, g.
— *violaceus*, Giard., j, g.
— *aurolineatus*, Giard., j, g.
— *rubigo*, Giard., j.
— *morio*, Giard., j.

Crustacés.

Stenorhynchus *phalangium*, Edw., j, g, h.
— *tenuirostris*, Bell., j, g.
— *ægyptus*, Edw., j.
Acheus *Cranchii*, Leach., j.
Inachus *dorynchus*, Leach., j, g, h.
— *dorsettensis*, Leach., j.
* — *leptochirus*, Leach., j, D.
Pisa *Gibsii*, Leach., j, g, h.
— *tetraodon*, Leach., j, h.
*Hyas *coarctatus*, Leach., j, D.
* — *araneus*, Leach., j, D.
Maia *squinado*, Latr., j, g.
Eurynome *aspera*, Leach., j, D.
Xantho *florida*, Leach., j, g, h.
— *rivulosa*, Edw., j, g.
Pilumnus *hirtellus*, Leach., j, g, h.
Cancer *pagurus*, Bell., j, g.
Pirimela *denticulata*, Leach., j, g, h.
Carcinus *mœnas*, Leach., j, g.
Ebalia *Pennantii*, Leach., j, D.
— *Bryerii*, Leach., j, D.
— *Cranchii*, Leach., j, D.
Portunus *puber*, Leach., j, g, h.
— *corrugatus*, Leach., j, g.

Portunus *arcuatus*, Leach., j, g.
— *holsatus*, Fabr., j.
— *pusillus*, Leach., j.
— *depurator*, Leach., j, g.
— *marmoreus*, Leach., j.
*Portumnus *variegatus*, Leach., j, D.
Pinnotheres *pisum*, Latr., j, g.
*Dromia *vulgaris*, Edw., j.
Corystes *cassivelaunus*, Penn., j, g, h.
Porcellana *platycheles*, Lam., j, g.
— *longicornis*, Edw., j, g, h.
Thia *polita*, Leach., j, h.
Gebia *deltura*, Leach., j, g, h.
Callianassa *subterranea*, Leach., j.
Axius *stirhynchus*, Leach., j, g, h.
Pagurus *Bernhardus*, Fabr., j, g.
— *cuanensis*, Thomp., j, D.
— *Hyndmanni*, Thomp., j, D.
Eupagurus *Prideauxii*, Leach., j, D.
Homarus *vulgaris*, Edw., j, g.
Palinurus *vulgaris*, Latr., j, g.
Scyllarus *arctus*, Rœm., g, D.
Galathæa *squamifera*, Leach., j, g.
— *strigosa*, Fabr., j.
— *Andrewsii*, Nor., j, D.

*Galathæa *nexa,* Embl., j, D.
Palæmon *serratus,* Fabr., j, g.
    —   *squilla,* Fabr., j, g.
    —   *varians,* Leach., g.
Crangon *vulgaris,* Fabr., j, g.
    —   *fasciatus,* Risso, j, g.
    —   *sculptus,* Bell., j.
    —   *bispinosus,* Westw., j.
    —   *trispinosus,* Hailst., j.
Nika *edulis,* Risso., j.
Pandalus *annulicornis,* Leach., j, D.
Athanas *nitescens,* Leach., j, g, h.
Hippolyte *varians,* Leach., j, g.
    —   *Cranchii,* Leach., j, D.
    —   *viridis,* Edw., j, g,
*Lysmata *seticaudata,* Risso., j.
Alpheus *ruber,* Edw., h.
Mysis *chamæleon,* Thomp., j, g.
    —   *vulgaris,* Thomp., j, g.
    —   *Griffithsiæ,* Bell., j.
Temisto *brevispinosus,* Goods., j, g.
*Cynthia *Flemmingii,* Goods., j.
Thysanopoda *Couchii,* Bell., j.
Cuma *Edwardsii,* Bell., j.
Sphinoe *serrata,* Norm., j.
    —   *trispinosa,* Goods., j.
Gastrosaccus *sanctus,* Ben., j, g, h.
Squilla *Desmarestii,* Risso., j.

———

Talitrus *locusta,* Latr., j, g, h.
Orchestia *mediterranea,* Costa., j, g.
    —   *littorea,* Leach., j, g.
Nicæa *Lubbockiana,* Sp. B., j, s.
Montagua *monoculodes,* Sp. B., j, g, s.
    —   *marina,* Sp. B., j, g, s.
Ampelisca *Gaimardii,* Kr., j.
Anonyx *Edwardsii,* Kr., j, g, h.
Dexamine *spinosa,* Leach., j, g.
Atylus *Swammerdamii,* Sp. B., j, g.
    —   *bispinosus,* Sp. B., j, g, h.
Pherusa *fucicola,* Leach., j, g, h.
    —   *bicuspis,* Edw., j.
Iphimedia *obesa,* Ratke., j.
Leucothoe *articulosa,* Leach., j, g.
Aora *gracilis,* Sp. B., j, s.
Gammarella *longicornis,* Kœhl., j.
Melita *palmata,* Leach., j, g.

Mæra *grossimana,* Leach., j, g, h.
Erysthæus *erythrophtalmus,* Sp. B., j.
Amathila *Sabini,* Leach., j.
Gammarus *marinus,* Leach., j, g, h.
    —   *locusta,* Fabr., j, g, h.
Amphitoe *littorina,* Sp. B., j, g.
    —   *gammaroides,* Sp. B., j, g.
Podocerus *falcatus,* Sp. B., j, g, h, s.
    —   *capillatus,* Ratk., j, s.
Chelura *terebrans,* Philip., j.
Microdeutopus *grillotalpa,* Costa., j, g, s.
    —   *Websterii,* Sp. B., j, s.
Corophium *longicorne,* Latr., g.
Syphonæcetes *typicus,* Kr., j.
Exunguia *stillipes,* Nordm., s.
Nænia *tuberculosa,* Sp. B., s.

———

Spheroma *serratum,* Fabr., j, g, h.
    —   *prideauxianum,* Leach., j, g, h.
Dynamene *viridis,* Leach., j, g.
    —   *Montagui,* Leach., j, g.
Cymodoce *truncata,* Leach., j, g.
Nesea *bidentata,* Leach., j, g.
Idothea *tricuspidata,* Desm., j, g, h.
    —   *pelagica,* Leach., j.
    —   *linearis,* L., j, g, h.
    —   *acuminata,* Leach., j, g.
    —   *appendiculata,* Risso., j.
    —   *emarginata,* Fabr., j.
Limnoria *lignorum,* Ratk., j.
Janira *maculosa,* Leach., j, g, h.
Cirolana *Cranchii,* Leach., j.
Conilera *cylindracea,* Mont., v. *punctata,* j.
Ligia *oceanica,* Fabr., j.
Iæra *Nordmanni,* Ratk., j, g, s.
Iæropsis *brevicornis,* Kœhl., s.
Bopyrus *squillarum,* Latr., j, g, h.
Anilocra *mediterranea,* Leach., j, g.
Paranthura *Costana,* Sp. B., j, g, h.
Apseudes *talpa,* Leach., j, s.
Tanais *vittatus,* Lilljb., j, g, s.
Leptochelia *Edwardsii,* Kr., j, g, s.
Paratanais *forcipatus,* Lilljb., j, g.

Anceus *maxillaris*, Mont., j, g.
Praniza *cærulea*, Desm., j, g.

Protella *phasma*, Sp. B., j.
Caprella *hystrix*, Kr., j, g, s.
— *linearis*, Edw., j, g.
Nebalia *Geoffroyi*, Edw., j, g, h.

AUTRES ARTHROPODES.

Æpus *Robinii*, Lab., j.

Ochtebius *Lejolisi*, Leach., j.
Æpophilus *Bonnairei*, Sign., j, s.
Corysa sp., g.
Philhydrus *maritimus*, Oliv., g.
Larves *de Diptères*.
Ammothea *longipes*, Hodg., j, g, s.
Pygnogonum *littorale*, Ström., j, g.
Halacarus, sp. ?

Mollusques.

(A ajouter aux listes de M. Duprey.)

Doris *flammea*, A. et H., j, g.
— *tuberculata*, A. et H., j, g, s.
— *Johnstoni*, A. et H., j, g.
Eolis *Cuvieri*, Lam., j, g.
Triopa *claviger*, Müll., j, g.
Pleurobranchus *membranaceus*, Mont., j, g, h.
Rissoa *cimicoïdes*, Forb., g.
Scaphander *lignaria*, L., g, h.
Scalaria *Turtonis*, Turt., g, h.
— *clathratula*, Adams, g.
Odostomia *conspicua*, Ald., g.
— *excavata*, Philip., g.

Odostomia *scalaris*, Philip., g.
Galeomma *Turtonis*, Turt., h.
Nassa *pygmea*, Lam., g.
Defrancia *gracilis*, Mont., g, h.
— *reticulata*, Ren., g, h.
Pleurotoma *attenuata*, Mont., g.
Cylichna *cylindracea*, Brugn., g.
Dentalium *tarentinum*, Lam., g, h.
Lima *hians*, Gmel., h.
Tapes *virgineus*, L., v. *sarniensis*, g.
Ommastrephes *sagittatus*, Lam., h.
Eledone *cirrhosa*, Lam., h.

Chordata.

Balanoglossus *sarniensis*, Kœhl., h.
Amphioxus *lanceolatus*, Yar., h.

(Extrait du BULLETIN DE LA SOCIÉTÉ DES SCIENCES DE NANCY, 1886.)

Nancy, imprimerie Berger-Levrault et Cⁱᵉ.